El camino de la salud

Un libro dedicado a todos los seres humanos que se preocupan y quieren saber más sobre su salud y como cuidarla mejor.

El autor

La información suministrada en este libro, es liderada por un médico colombiano, farmacólogo clínico, epidemiólogo, con 15 años de experiencia en el campo de la investigación clínica y academia.

Luis Fernando Cifuentes Monje M.D., M.Sc.

Email: luisfdocifuentes@gmail.com

Primera Impresión: 2016

Agradecimiento al Ilustrador Camilo Triana.

Contenidos

Prefacio

Este libro lo he construido como un apoyo a mejorar la salud de los individuos, a través de explicaciones muy sencillas sobre seis sistemas que hacen parte del cuerpo humano: sistema circulatorio; sistema gastrointestinal; sistema nervioso; sistema respiratorio; sistema renal; y sistema vascular.

Cada sistema tiene siete secciones para hacer más fácil el entendimiento de cada uno de ellos:

1. ¿Qué es?,
2. Datos curiosos,
3. ¿Cómo cuidarlo?,
4. De que enfermedades sufre,
5. ¿Qué hacer cuando se enferma?,
6. ¿Qué médico me puede ayudar?, y
7. Consejos saludables.

Sistema circulatorio

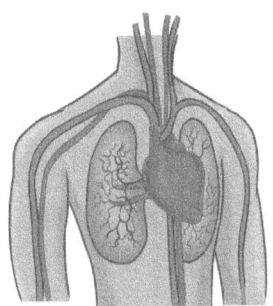

¿Qué es?

El sistema circulatorio es la red de vasos sanguíneos del cuerpo humano. Incluye arterias, venas, y traslada la sangre desde y hasta el corazón.

La función principal del corazón es bombear sangre oxigenada y nutrientes a todas las células del cuerpo. Normalmente el número de latidos que tiene el corazón es de 60 a 100 veces por minutos, 24 horas al día y 365 al año.

Datos curiosos

- El corazón bombea en promedio unos 5 a 6 litros de sangre cada minuto.

- El corazón en un año, late en promedio unas 40 millones de veces, y durante toda la vida unas 2.000 millones de veces.

- Los vasos sanguíneos más grandes son la arteria aorta y las venas cavas. Estos vasos tienen un diámetro de 2,5 centímetros.

- Cuando se hace ejercicio intenso, la frecuencia cardíaca se eleva de 60 casi a 200 latidos por minuto.

- El corazón bombea la sangre con suficiente presión que podría esparcirla fuera del cuerpo hasta 10 metros de distancia.

- El corazón de un feto late en promedio 140 a 160 veces por minuto.

¿Cómo cuidarlo?

La mejor medida es la prevención. Mientras más desgaste tenga el sistema circulatorio por malos hábitos, más difícil será cuidarlo y ayudarlo a regresar a un funcionamiento ideal. Algunas formas para cuidarlo son:

- Reducir el consumo de grasas de la dieta,
- Mantener un peso saludable,
- Hacer ejercicio de forma regular,
- Comer frutas, verduras, y
- Dejar de fumar.

De que enfermedades sufre

1. Infarto Agudo de Miocardio

Se presenta cuando no llega sangre al corazón y este sufre por la falta de oxígeno. El corazón muere o resulta dañado en forma permanente

2. Arritmias

Es cualquier trastorno de la frecuencia cardíaca y significa que el corazón palpita demasiado rápido, demasiado lento o con un patrón irregular.

¿Qué hacer cuando se enferma?

El sistema circulatorio se enferma por los malos hábitos y por problemas de la conducta humana. Por lo tanto al enfermarse hay que actuar rápidamente y cambiar el estilo de vida.

¿Qué médico me puede ayudar?

Hay tres grandes grupos de médicos que me pueden ayudar:

a) Cardiólogo: es un médico entrenado en el tratamiento de enfermedades del sistema cardiovascular y circulatorio.

b) Cardiólogo hemodinamista: es un médico cardiólogo que realiza diagnósticos y tratamientos por medio de la introducción de catéteres en las venas y/o arterias.

c) Cardiólogo electrofisiólogo: es un médico cardiólogo que trata y diagnóstica los problemas en las actividades eléctricas del corazón.

Consejos saludables

- Estar agradecidos por las cosas buenas de la vida podría beneficiar a los pacientes con enfermedades del corazón. Es decir: Un corazón agradecido es un corazón sano.

- La mejor forma de evitar desarrollar una enfermedad, conocida como la insuficiencia cardíaca, es moverse. Con 30 minutos de actividad diaria se reduce el riesgo de desarrollar insuficiencia cardiaca en un 20%.

- "Ríete siempre que puedas. Es una medicina barata" Lord George Byron (1788 - 1824). Esta frase toma GRAN importancia debido a que en términos de ejercicio cardiovascular, un minuto de risa equivale a 10 minutos en una máquina de remar.

Sistema gastrointestinal

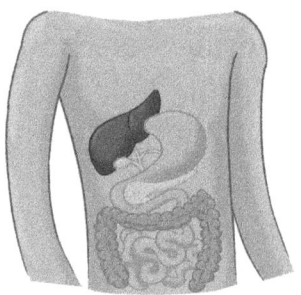

¿Qué es?

Es el grupo de órganos encargados de la transformación de los alimentos, proceso conocido como digestión. La digestión tiene como objetivo lograr que los alimentos sean absorbidos en el interior del cuerpo y posteriormente utilizados por las células del organismo.

Este sistema está formado por unos órganos huecos, que forman un tortuoso tubo que va de la boca al ano y con el soporte de otros órganos que ayudan a transformar y absorber los alimentos.

Datos curiosos

- El gas del sistema digestivo viene de aire digerido y producción de bacterias. El flato ("pedo"), es una mezcla de nitrógeno, dióxido de carbono, hidrógeno y metano.

- Diariamente 1,2 litros de saliva son producidos, con el objetivo de lubricar la boca, ayudar a digerir algunos alimentos y eliminar bacterias potencialmente peligrosas.

- El estómago tiene un rol clave en la digestión, es decir mezclar alimentos con jugos gástricos y formar una especia de pasta que luego se convierte en moléculas para ser absorbidas en el intestino delgado.

¿Cómo cuidarlo?

- Lavarse las manos antes de consumir los alimentos y luego de usar el baño.

- No comer exageradamente alimentos y/o bebidas para evitar indigestión.

- La digestión comienza en la boca, con la masticación.

- Cuidar los dientes, que ayudan en la masticación, cepillándolos tres veces al día.

- Masticar despacio, y descansar después de haber comido.

- Facilitar la evacuación del intestino diariamente, tomando agua y comiendo alimentos ricos en fibra (cáscara de frutas, avena).

De que enfermedades sufre

1. Ulcera gastroduodenal

Son heridas que se producen en el interior del tubo digestivo (estómago o una parte del intestino delgado, llamado duodeno), debido al aumento de las secreciones gástricas, estimuladas por factores como tensiones nerviosas, movimiento de la vida moderna, comidas abundantes y bebidas alcohólicas.

2. Cálculos biliares

Son depósitos duros que se forman dentro de un órgano cerca al hígado, la vesícula biliar. Estos depósitos llamados cálculos, pueden ser tan pequeños como un grano de arena o tan grandes como una pelota de ping-pong.

¿Qué hacer cuando se enferma?

El sistema digestivo está estrechamente relacionado con el medio ambiente y la gran mayoría de enfermedades en él, se producen por factores externos (tensiones, bacterias, virus). Es por eso que se recomienda evitar toda clase de abusos.

¿Qué médico me puede ayudar?

El principal médico que me puede ayudar es un gastroenterólogo, el cual es un médico especializado en el sistema digestivo. Utiliza varias técnicas para observar los órganos internos del tracto digestivo, llamadas endoscopias.

Consejos saludables

- El desayuno es esencial para el buen funcionamiento durante el día.

- Más de la mitad de los alimentos empaquetados de venta en los supermercados contienen demasiada sal.

- Si los seres humanos estamos expuestos a comida todo el tiempo "la comemos sin parar".

- Independientemente de que se sea delgado u obeso, si se consume refrescos con azúcar u otras bebidas endulzadas/diariamente se tiene un riesgo 13 veces mayor a 10 años de desarrollar Diabetes.

Sistema nervioso

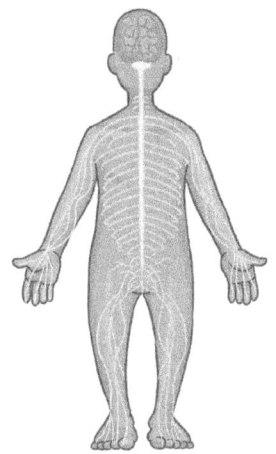

¿Qué es?

Es un sistema muy complejo que se encarga de recibir, percibir todos los estímulos del mundo exterior, analizar la información y transmitir impulsos a nervios y músculos para generar una respuesta.

Está constituido por el encéfalo (cerebro) y la médula espinal (columna), protegidos por envolturas óseas, que son el cráneo y la columna vertebral, respectivamente.

Datos curiosos

- El cerebro de un adulto promedio pesa 1.300 gramos.

- Existen aproximadamente 100 mil millones de neuronas (células nerviosas) en el cerebro humano.

- Si las neuronas en el cuerpo de una persona se alinearan en una línea, esa línea tendría una longitud de casi 1.000 kilómetros.

- Las neuronas son las células responsables de la transmisión de los impulsos nerviosos.

- Las neuronas producen unos mensajeros (neurotransmisores), que actúan en la transmisión de los impulsos nerviosos.

- Los seres humanos perdemos neuronas durante el envejecimiento.

¿Cómo cuidarlo?

El sistema nervioso funciona de forma muy similar a un sistema eléctrico y, si no se cuida adecuadamente, puede sufrir algún cortocircuito. Seguir entonces estas recomendaciones:

- Desarrollar actitudes positivas frente a la vida.

- Tener buena salud física.

- Rechazar vicios (alcohol, cigarrillo, droga).

- Descansar, ideal 8 horas para la población adulta.

De que enfermedades sufre

1. Ataque cerebral

Sucede cuando se detiene el flujo sanguíneo al cerebro, por un coágulo sanguíneo que bloquea o tapona un vaso sanguíneo en el cerebro. En apenas unos minutos, las células cerebrales empiezan a morir.

2. Demencia

Es una pérdida de la función cerebral y afecta la memoria, pensamiento, lenguaje, juicio y comportamiento. La mayoría de los tipos de demencia son irreversibles, lo cual significa que los cambios en el cerebro que están causando la demencia no pueden detenerse ni revertirse.

¿Qué hacer cuando se enferma?

Debido a que el sistema nervioso es el encargado de la circulación de electricidad (energía) en el cuerpo, al no circular esa energía de forma adecuada, el sistema no está en condiciones óptimas de funcionamiento y falla o se deteriora.

¿Qué médico me puede ayudar?

El principal médico que me puede ayudar es un neurólogo, el cual es un médico especializado en el sistema nervioso, para investigar, diagnosticar y tratar las enfermedades del sistema nervioso.

Consejos saludables

- Los individuos con dietas más sanas reducen riesgo de sufrir un deterioro mayor de las funciones del sistema nervioso. Las mejorías más marcadas son en funciones de memoria, razonamiento, realización simultánea de múltiples tareas, resolución de problemas y habilidades de planificación.

- Los beneficios de la lectura: disminuir riesgo de demencia y depresión.

- El cerebro de las personas que toman alcohol frecuentemente, tiene cambios irreparables.

- Los adultos que se interesan en actividades artísticas, sociales y en manualidades pueden mantener la agudeza mental por más tiempo.

Sistema respiratorio

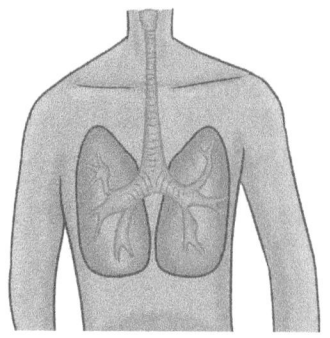

¿Qué es?

El sistema respiratorio consiste en vías respiratorias, pulmones y músculos respiratorios que facilitan la entrada (inhalación) y salida (exhalación) del aire dentro como fuera del cuerpo humano.

El aire que ingresa contiene oxígeno que es llevado por la sangre y el aire que sale es dióxido de carbono que es un producto de desecho y debe ser eliminado a través de la respiración.

Datos curiosos

- El cuerpo de un adulto en reposo, inhala y exhala aproximadamente unos 6 litros de aire por minuto.

- Los pelos de la nariz ayudan a limpiar el aire que respiramos.

- Una persona en reposo respira normalmente de 12 a 15 veces cada minuto.

- El área de los pulmones tiene aproximadamente el mismo tamaño que una cancha de tenis.

- En promedio nosotros los seres humanos somos capaces de contener la respiración por unos 30 a 60 segundos en promedio.

- Hay más de 200 virus que provocan infecciones respiratorias.

¿Cómo cuidarlo?

El ser humano respira más de 6 millones de veces por año. Por lo tanto hay que evitar ponerse en contacto con sustancias dañinas que afectan la respiración.

- Evitar fumar cigarrillo activa o pasivamente (fumador de segunda mano, es decir lo que se exponen a personas que fuman).

- Respirar profundamente.

- Realizar ejercicios cardiovasculares regularmente (caminar, nadar).

- Respira por la nariz.

- Mantenerse hidratado.

De que enfermedades sufre

1. Asma

Es una enfermedad que lleva a que las vías respiratorias se cierren y se inflamen. Esto hace que se presente ahogo al respirar, tos, silbidos y opresión en el pecho.

2. Enfermedad Pulmonar Obstructiva Crónica

Es una enfermedad que causa dificultad para respirar, frecuentemente asociada al consumo de cigarrillo. Se caracteriza por obstrucción de las vías respiratorias generalmente progresiva e irreversible.

¿Qué hacer cuando se enferma?

Las enfermedades del sistema respiratorio son causadas por diversidad de elementos, siendo las más comunes infecciones bacterianas o virales, causas ambientales (polución) y tabaquismo. Por lo tanto hay que evitarlas.

¿Qué médico me puede ayudar?

El principal médico que me puede ayudar es un neumólogo, el cual es un médico especialista en diagnosticar y tratar los padecimientos del aparato respiratorio, especialmente aquellos que se origina en las vías respiratorias y pulmones.

Consejos saludables

- Las zanahorias son rica fuente de vitaminas A y C, que influyen directamente en la salud de los pulmones.

- Beber suficiente agua, son necesarios para que los pulmones estén limpios y el aire circule de forma eficiente.

- Lavar las manos de manera frecuente, así como adecuada higiene oral, previene infecciones que puedan viajar de la boca al resto del cuerpo y a los pulmones.

- Una mala postura, como inclinar el cuerpo demasiado hacia delante, reduce la capacidad pulmonar y hace que nos fatiguemos.

Sistema renal

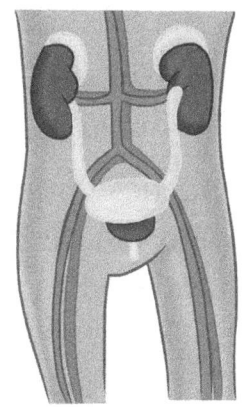

¿Qué es?

El sistema renal es el principal sistema de excreción de agua, productos metabólicos, que han ingresado al cuerpo humano. Está formado por dos partes, los riñones, que producen la orina y las vías urinarias o vías excretoras que recogen la orina, para expulsarla al exterior.

Datos curiosos

- El sistema renal elimina aproximadamente de 800 a 2.000 mililitros por día.

- La vejiga puede almacenar casi 500 mililitros de orina de 2 a 5 horas sin causar molestias a la persona. A la salida de la vejiga hay unos músculos llamados esfínteres que se cierran fuertemente para evitar cualquier fuga espontánea.

- La orina se produce a partir de la sangre y está formada por agua en un 95%. El resto de constituyentes son urea 2.5% y 2.5% de sales, minerales y enzimas.

- Si un riñón dejara de funcionar, podemos sobrevivir con un solo riñón. Ya que ese único riñón aumenta de tamaño para realizar el trabajo de los dos. Si no se tuvieran los dos riñones, la única opción de sobrevivir es con diálisis.

¿Cómo cuidarlo?

Siendo una de las principales funciones del sistema urinario producir la orina, hay que ayudar al cuerpo, para que esa salida sea homogénea y coordinada. Estas son algunas medidas de prevención para preservar el buen funcionamiento del sistema urinario.

- Tomar agua regularmente, según la necesidad de cada individuo.

- No aguantar las ganas de orinar por periodos de tiempo mayor a 3 horas.

- Se debe tomar el último líquido temprano en la noche, para acostarse con la vejiga lo más vacía posible.

- Es normal que un adulto tenga deseo de orinar de una a dos veces en noche, si requiere más, se debe consultar al médico.

De que enfermedades sufre

1. Cálculos renales

Llamado también "piedras" las cuales se forman por la precipitación de algunas sales que se forman en el cuerpo. Cuando se desprenden del riñón y pasan los conductos urinarios producen los "cólicos nefríticos" que son muy dolorosos.

2. Incontinencia urinaria

Es decir, la pérdida de control de la vejiga, y "se sale la orina" de forma espontánea o ante el menor esfuerzo. Entre las causas más comunes, incluyen en el agrandamiento de la próstata en los hombres y como resultado de los embarazos en las mujeres.

¿Qué hacer cuando se enferma?

Siendo los riñones los órganos responsables de eliminar los desechos del cuerpo humano, no hay que esperar a presentar molestias, por ejemplo por cálculos renales para acordarse de ellos. La mayoría de las enfermedades del sistema urinario son causadas por sustancias que no han podido ser eliminadas por el riñón y que provienen de la dieta diaria, por lo cual es aconsejable ser balanceado a la hora de alimentarse.

¿Qué médico me puede ayudar?

Hay dos grandes grupos de médicos que me pueden ayudar:

a) Nefrólogo: es un médico que ha recibido formación especial acerca de las enfermedades renales.

b) Urólogo: es un médico que se ha especializado en el manejo de enfermedades de las vías urinarias y del aparato genital.

Consejos saludables

- Las dietas ricas en grasas, carnes rojas y granos refinados, están relacionados al cáncer de próstata. Hay que por lo tanto disminuir su consumo, para evitar el riesgo e incrementar el consumo de dietas ricas en vegetales, frutas y granos enteros.

- Hay que tomarse el tiempo que sea necesario para orinar y vaciar la vejiga totalmente

- Evitar al máximo fumar, ya que genera irritación en la vejiga e incrementa el riesgo de cáncer de vejiga.

- El calcio de los alimentos es benéfico, sin embargo el de los suplementos no lo es, ya que su consumo en exceso incrementa el riesgo de cálculos renales.

Sistema vascular

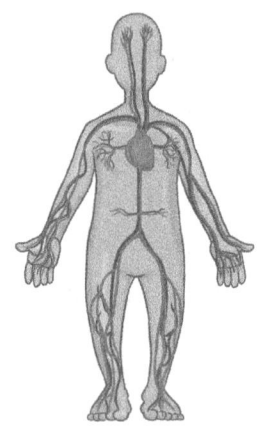

¿Qué es?

El sistema vascular, está compuesto por los vasos sanguíneos y linfáticos que se encuentran distribuidos por todo el organismo. Los vasos sanguíneos facilitan la distribución de nutrientes y oxígeno. Los vasos linfáticos son los encargados de drenar desechos y ayudan a transportar células del sistema inmune.

Datos curiosos

- El sistema vascular, está compuesto por una red de vasos sanguíneos, arterias y capilares, el cual si lo tomáramos y ordenáramos uno tras otros, tendríamos una fila de aproximadamente 150 mil kilómetros.

- La sangre puede tomar diferentes tipos de tonalidades rojas, según la concentración de oxígeno en ellas. Nuestras venas se ven azuladas, pero nuestra sangre nunca lo es.

- El sistema linfático no es un sistema separado del organismo. Se considera parte del sistema circulatorio y transporta la linfa, un fluido que proviene de la sangre y vuelve a ella por medio de vasos linfáticos.

¿Cómo cuidarlo?

Estas son recomendaciones prácticas para cuidar el sistema vascular, incluyendo al sistema linfático:

- Camina todo lo que sea posible, porque así los músculos se contraen y actúan como si fueran válvulas que impulsan la circulación.

- Hay que tratar de descansar con los pies elevados. Esto permite el retorno venoso.

- Llevar ropa holgada para que no obstruya el sistema circulatorio y no impida el drenaje linfático. Asegurarse que la ropa interior sea de la talla correcta.

- Comer frutas y verduras, ya que proporcionan los nutrientes que necesita el sistema vascular para mantenerse saludable.

De que enfermedades sufre

1. Obstrucciones arteriales

Estas obstrucciones se deben a la aterosclerosis, un proceso en el que se forma una sustancia dura (placa) dentro de las arterias. La disminución del flujo sanguíneo ocasiona isquemia, es decir un aporte insuficiente de oxígeno a las células del organismo, ocasionando dolor y calambres.

2. Várices

Son venas hinchadas y moradas en las piernas que se ven debajo de la piel. La gran mayoría de las veces se origina por válvulas dañadas o defectuosas en las venas, que permiten que la sangre fluya hacia arriba, contra la fuerza de gravedad.

¿Qué hacer cuando se enferma?

Siendo las obstrucciones uno de los principales problemas, cuando estas se presentan de forma leve, hay que controlarlas reduciendo el peso excesivo, absteniéndose del tabaco y siguiendo un plan de ejercicio físico regular por el médico. Para el caso de las varices, en las etapas iniciales de la enfermedad, las medias elásticas de compresión pueden aliviar el dolor y la hinchazón, pero no eliminan las várices.

¿Qué médico me puede ayudar?

El médico encargado de ver la enfermedad vascular es el cirujano vascular dedicado al estudio, diagnóstico, prevención, y tratamiento de la patología vascular. Sus campos de acción abarcan las enfermedades del sistema arterial, venoso (flebología) y linfático (linfología).

Consejos saludables

- El ejercicio es uno de los factores más beneficiosos para mejorar la circulación. Caminar una hora al día, ayuda a la circulación mediante contracciones musculares, que ayudan al correcto funcionamiento de los sistemas arteriales, venosos y linfáticos.

- El drenaje postural con elevación de las piernas en algún momento del día ayuda a mejorar el cansancio y el edema de los miembros inferiores.

- Ningún alimento de forma específica favorece la circulación. Sin embargo el seguir una dieta equilibrada, y evitando las grasas que dañan las paredes arteriales puede impedir la aparición de placas que terminan obstruyendo las arterias.

Bibliografía

- Medline Plus® (2016). Biblioteca Nacional de Medicina de los EE.UU.

- PubMed (2016). US National Library of Medicine National Institutes of Health.

- Organización Mundial de la Salud. (2016). Temas de Salud.

- Organización Panamericana de la Salud. (2016). Campos virtual de salud pública.